DE

LA NÉCESSITÉ DE REMPLACER

LES

CHEMINS DE FER

PAR UN

SYSTÈME ANALOGUE MOINS COUTEUX.

DE

LA NÉCESSITÉ DE REMPLACER

LES

CHEMINS DE FER

PAR UN

SYSTÈME ANALOGUE MOINS COUTEUX.

DE

LA NÉCESSITÉ DE REMPLACER

LES

CHEMINS DE FER

PAR UN SYSTÈME ANALOGUE MOINS COUTEUX.

Nous employons le mot *nécessité* parce que la rapidité des communications est devenue un besoin impérieux pour l'industrie, parce que la passion des chemins de fer avait dégénéré un moment en manie et absorbé toutes les idées spéculatives, parce qu'il est de l'intérêt de tous d'empêcher, autant que faire se peut, les fortunes particulières de s'engouffrer et de se perdre pour ne laisser que des regrets stériles, des œuvres sans profit, des monumens attestant les désastres que peuvent produire des calculs erronés que la spéculation se plaît à n'envisager qu'à travers le prisme de l'idéologie, attendu que c'est celui qui, grossissant les objets, séduit le plus agréablement.

Tout a été dit par les adversaires des chemins de fer, de bonnes, de très bonnes choses même, quelques autres où la critique s'est laissé entraîner trop loin, et quand on dira que obtenir les mêmes résultats avec moins de frais est chose utile et sage, on ne fera qu'émettre une de ces vérités dont tout le monde est convaincu et qui n'ont pas besoin de commentaires.

Rien n'est plus tyrannique, plus absolu qu'un fait : en Angleterre, de Manchester à Liverpool 4 o/o d'intérêt de l'argent, 7 1/2 dans sa plus belle année de prospérité; au-delà de 5o o/o de frais d'entretien et d'usure; un emprunt, qui se négocie aujourd'hui, de 800,000 , liv. sterl. De Bruxelles à Anvers, 6 et 7 o/o d'intérêt dans les deux premières années, et tant que dure l'attrait de la nouveauté; aujourd'hui 5 o/o, ce qui constitue une entreprise en perte; les facilités présentées par le terrain presque uniforme n'ont fait monter cependant le prix de construction qu'au chiffre de 5oo,ooo fr. par lieue! D'Andrezieux à Roanne, faillite ouverte, dettes qui absorberont le prix avili pour lequel on a voulu vendre ce chemin de fer, sans trouver d'acheteurs. De Paris à Saint-Germain, de 1,000 fr. descendu à 790 fr., en deux mois.

Il nous paraît donc démontré, et cela d'une manière incontestable, que les énormes frais d'établissement et d'entretien des chemins de fer sont un obstacle *invincible* à l'adoption de ce moyen de communication, merveilleux dans sa conception, mais ruineux dans son exécution.

L'exemple des Etats-Unis d'Amérique (qui n'ont aucune analogie sur ce point avec notre vieille Europe) loin d'être un argument contraire à cette assertion, ne fait que la corroborer. La crise financière qui les a désolés a eu sa principale origine dans la passion frénétique qui avait fait affluer tous les capitaux vers cette spéculation chanceuse. D'un autre côté, la facilité d'endommager un chemin de fer , d'en interrompre instantanement un parcours de quelque étendue, alors que la manifestation subite d'un événement politique viendrait réclamer une grande célérité, n'assure plus au pays aucun des avantages que l'on pourrait en espérer, et rend nuls les effets que l'on devrait se promettre d'un moyen de porter rapidement d'un point à un autre du royaume les élémens qui peuvent être nécessaires au gouvernement pour la sécurité ou la défense.

Cependant, dans l'état actuel de notre civilisation progressive, la rapidité des communications est un auxiliaire indispensable au développement de l'industrie , du commerce , aux besoins de l'agriculture, et il est évident que toute entreprise ayant pour objet de doter le pays de chemins économiques à grande vitesse, sera une œuvre nationale et aura droit de compter sur l'appui éclairé des savans, des capitalistes et du gouvernement.

En ce cas, tenter sera l'œuvre de bons citoyens, avancer par l'expérience sera chose méritoire et recommandable, et réussir sera un immense service rendu au pays et à la civilisation.

L'invention des chemins de fer repose sur deux principes d'ordre et de nature différens, d'une origine distincte : l'un date de près de deux siècles, l'autre du commencement de celui-ci. On reconnut qu'un plan parfaitement uniforme, sans aspérités, n'absorbant pas aisément l'humidité, donnait une facilité de traction de plus du triple que par les moyens ordinaires. Les premiers rails furent en bois et datent de 1649; plus tard on les couvrit de plaques de fer ; en 1767 on employa les premiers rails de fonte. C'est de 1810 que date l'application des locomotifs à vapeur sur routes à rails. Delà à la pensée des chemins de fer il n'y avait qu'un pas; mais les deux principes dont on les composait entraînaient naturellement l'obligation d'un troisième, celui du nivellement. Il fallut donc combler les vides par des terrassemens, des viaducs, creuser des tunnels et se livrer à des travaux d'art immenses et ruineux. On obtint, il est vrai, par la réunion de ces moyens, une vitesse prodigieuse, mais qui n'est pas compensée par la détérioration qu'elle entraîne.

Or donc, si l'on peut remplacer ces rails par une matière offrant à peu près les mêmes résultats, mais moins coûteuse; si, sur cette matière, on peut poser des locomotives qui y fonctionnent avec facilité; si, à la suite de ces locomotives, on peut accrocher des wagons qui, par leur forme et leur mécanisme, rendent les travaux d'art inutiles et permettent au tracé d'un chemin de prendre telle courbe ou tel rayon qui paraîtra plus économique et plus généralement profitable aux localités qu'il devra traverser et féconder, il nous semble que l'on aura les mêmes avantages que par un chemin de fer, plus l'économie, et cette économie transformera une opération ruineuse en une opération lucrative; car, ce qui est ruineux avec un capital de 40 millions et 4 ou 5 millions par an d'entretien, deviendra profitable lorsque, pour obtenir la même somme de bénéfices, on n'aura dépensé que 12 millions de fonds social, et beaucoup moins que moitié pour frais d'usure et d'entretien. Peut-être n'atteindrons-nous pas une vitesse aussi désordonnée que celle que l'on a dernièrement obtenue dans le trajet de Manchester à Liverpool, et pour une fois seulement! mais nous graduerons ainsi la proposition : On porte à 8 lieues par heure la vitesse d'un chemin de fer *bien organisé;* nous sommes certains de parcourir uniformément 6 lieues dans une heure ; or, soit, par exemple, la route de Paris à Orléans ; le chemin de fer parcourra la distance en 3 heures 45 minutes, le nôtre en 5 heures ; le chemin de fer aura coûté 40 millions ; le nôtre, mettons 10 à 12, en y comprenant un matériel considérable: une heure 25 minutes valent-elles 30 millions ?

Pour parvenir à ce but, notre Société a réuni trois inventions qui nous paraissent propres à résoudre cet important problème dont nous allons donner aussi succinctement que possible un aperçu.

Le béton, retrouvé par le capitaine Thomassin et dont des essais ont été faits à Strasbourg depuis trois ans, est la reproduction de l'ancien ciment romain, sur lequel le capitaine Thomassin a fait de nombreuses expériences qui ont été couronnées d'un plein succès. Un procédé particulier, breveté depuis quatre années et que l'inventeur vient de perfectionner encore, ouvre à ce produit une voie progressive dans laquelle il est impossible de prévoir toutes ses futures applications.

Ce béton, ou pierre factice, préparé d'après nos procédés, possède la propriété d'être inaltérable à l'air et de durcir à l'eau. Il est incompressible, c'est-à-dire qu'il peut supporter des poids immenses. Le froid le plus intense n'a aucune action sur lui, et il n'éclate jamais dans les plus fortes gelées : les trois derniers hivers en ont fourni la preuve. Son poli égale celui de la pierre granitique, et sa nature est tellement compacte que l'action continue des plus lourds fardeaux ne saurait le broyer.

Le béton reposant sur un remblais présente d'abord à l'enfoncement une résistance vingt fois plus grande que les rails en fer sur les dés qui les supportent ; la masse en est tellement homogène que tous les efforts de la main ne peuvent y faire entrer une pointe d'acier. Un caillou du Rhin présenté à dessein devant les roues d'une voiture en mouvement, est écrasé et réduit en fragmens, sans produire la plus petite dépression ni qu'une seule parcelle pénètre dans le béton.

C'est donc là incontestablement la matière qui peut, avec le plus d'avantage, être appliquée à la construction des routes destinées au service des locomotives à vapeur.

En y comprenant l'acquisition des terrains , l'achat et la manipulation des matières, la main-d'œuvre, etc., le prix d'un pareil chemin n'atteindrait jamais le chiffre de 200,000 fr. par lieue ; posé sur les accôtemens des routes ordinaires, de 80,000 fr. par lieue au plus ; appliqué au pavage , il revient à un tiers de moins que le pavé ordinaire, et il lui est bien supérieur , sous le rapport de la durée, de la facilité de traction et de la propreté. Qu'on ajoute à tous ces avantages celui de ne pas intercepter les communications, de rendre la loi sur l'expropriation pour cause d'utilité publique moins nuisible aux propriétaires fonciers (et qu'on ne dise pas que l'indemnité qu'on leur alloue est une compensation suffisante au déplaisir et aux inconvéniens auxquels ils sont soumis par le fait d'un tracé qui écorne ou coupe par le milieu leurs parcs, leurs champs, et isole parfois le bâtiment d'exploitation de la propriété rurale qui en dépend); et puis que l'on mette en regard encore la facilité de pouvoir tourner une ville ou la traverser, sans que cette partie de terrain que dessert le chemin à grande vitesse d'une compagnie soit interdite à la population locale, car les chevaux prennent pied sur le béton sans le dégrader, et on devra convenir que toutes ces conditions laissent bien loin le faible plaisir de courir un peu plus vite.

Sur un chemin ainsi façonné nous posons une machine locomotive , et certes personne ne songera à contester que le système de voitures à vapeur dont les échantillons ont pu fonctionner sur les routes ordinaires d'Angleterre , de France et de Belgique , n'aient un succès plus assuré , plus incontesté encore sur une surface unie , qu'elles n'ont pu l'avoir sur les routes Mac-Adamisées et sur les pavés du premier et second échantillon.

Des faits positifs ont été le résultat de ces expériences ; ils se sont passés sous les yeux des populations de Paris, de Londres et de Bruxelles. La voiture importée en France par le baron d'Asda a parcouru, le 30 novembre 1834, le trajet de Vilvorde à Bruxelles en 20 minutes (3 lieues de distance). Cette même locomotive a parcouru à Paris , le 3 février 1835, la presque totalité des boulevarts intérieurs , de midi à 2 heures, moment où il y a le plus d'encombrement sur cette partie de la capitale, et cela, sans qu'aucun accident soit venu troubler ces expériences , sans que les chevaux qui étaient sur le parcours s'en effrayassent, sans qu'il résultât le moindre dommage pour la machine ni pour les voitures de toute espèce et de toute nature qui se trouvaient sur son passage et pouvaient lui faire obstacle , et sans que les plans inclinés qui s'y succèdent aient ralenti sa marche.

Le 5 février 1835, cette voiture a fait le chemin de Paris à Neuilly, et a parcouru dans le parc de Sa Majesté un espace de 1600 mètres en 8 minutes. Le roi, appréciateur éclairé de tout ce qui tend au progrès et au développement de l'industrie, après être entré dans tous les détails de la construction et des fonctions de cette machine motrice, daigna par ses encouragemens faire pressentir tout ce qu'il voyait, dès alors, d'avenir et de succès dans un semblable résultat.

Le 13 février, la montée de Sèvres allant à Versailles a été parcourue avec une vitesse de 5 lieues à l'heure.

Le 14 mars, une vitesse maintenue de 6 lieues et demie par heure fut constatée en présence de MM. Tremery et Delamotte, ingénieurs des mines, désignés par le gouvernement, lesquels ont suivi toutes les expériences qui ont eu lieu ; et, le 15, la montée du Pecq à Saint-Germain fut franchie en 4 minutes et demie, et descendue, au retour, en 5 minutes et demie.

De cet ensemble d'expériences il découle que, depuis le premier essai tenté en 1802 par M. Trevetick, on en était parvenu en 1835 à atteindre, sinon l'apogée de la perfection, au moins à démontrer clairement qu'il y avait peu de chose à faire , et que le seul obstacle qui restait à vaincre était celui des routes.

Gurney remorquant 36 voyageurs et leurs bagages sur la route de Glocester à Cheltenham, se brisa, en juin 1831, *sur une portion de route nouvellement réparée :* or on sait ce que c'est qu'une réparation du système Mac-Adam. Church, Ogle, Macerone, à Londres, ont fait de nouveaux progrès; mais les routes ferrées présentent encore trop de tirage. M. d'Asda, à Paris, n'a eu, dans toutes ses expériences, qu'une espèce d'accident, la rupture du tube conducteur de la vapeur du réservoir aux pistons , *et cela par les cahots seuls occasionés par notre système de pavage.* Or, il reste prouvé, depuis 1835, aux améliorations près que ce système pouvait nécessiter encore, que les chaudières tubulaires et le mécanisme simplifié adopté par Macerone et d'Asda, peuvent sans augmenter considérablement la force de traction, gravir les plans inclinés et maîtriser assez la locomotive pour pouvoir les descendre sans aucune apparence de danger.

Dès lors les travaux d'art pour le nivellemement sont économisés, et le nouveau système de voitures à vapeur, plus complet et plus puissant, qui a été imaginé depuis, fait que la voiture d'Asda, parcourant une surface bétonnée, présente, par cette réunion avec l'invention du capitaine Thomassin, deux des parties les plus importantes du système nouveau, que nous destinons à combattre l'adoption ruineuse des chemins de fer.

Après avoir démontré ce que l'on peut attendre d'un système de routes uni, résistant, compacte, de longue durée, et d'une locomotive ayant une grande puissance d'action, pouvant être dirigée et maîtrisée avec facilité, abordons la question spéculative.

Il ne suffit pas de parcourir une distance plus ou moins grande avec plus ou moins de vitesse, il faut la parcourir avec fruit, avec utilité, c'est-à-dire avec économie et sécurité.

Nous pouvons aujourd'hui porter le développement des forces de la nouvelle locomotive à 60 chevaux. L'ancien bouilleur d'Asda ayant 6 pieds sur chaque face carrée, atteignait la puissance de 22 chevaux, à une pression de 14 atmosphères.

A cette locomotive peuvent être accrochés aisément un nombre de 20 wagons ou voitures du système polycicle, lesquels pourront conduire, à une vitesse de 6 lieues par heure, 300 voyageurs avec leurs bagages, ou 35,000 kilogrammes environ de marchandises.

Un traité passé avec M. de l'Aubépin, propriétaire du brevet pour les trains articulés, assure à la compagnie qui se forme le privilége exclusif de son système, ainsi que des améliorations qui pourront y être apportées, sur tous les tracés à routes unies ou bétonnées. Par cette heureuse alliance le système se trouve complet.

Les nombreuses expériences faites, le compte rendu à l'Académie des sciences au sujet des voitures polycicles dont il est parlé plus haut, ainsi que les rapports adressés par les commissions que l'autorité a nommées, rendraient toute digression inutile, si nous ne tenions à grouper ici, aussi laconiquement que possible, les faits qui doivent donner au public une idée juste et précise de la pensée qui dirige les fondateurs de cette nouvelle Société.

Le rapport de MM. Favier et Mallet, inspecteurs généraux des Ponts-et-Chaussées, adressé à M. le Directeur Général de cette Administration, constate les faits suivans :

Absence de secousses sensibles à la traversée des cassis et à la rencontre d'inégalités visibles dans la surface de la voie, *résultat qui doit entraîner avec lui*, ainsi que le disent ces Messieurs , *une grande diminution dans le tirage ;* facilité extrême dans les évolutions de 4 voitures attachées à la suite les unes des autres; sécurité absolue en cas de rupture d'une roue.

MM. Trémery, ingénieur en chef des mines, Jollois, ingénieur du département de la Seine, et Rouhault, architecte du département, composant la commission nommée par M. le Préfet de Police, établissent également les faits sus énoncés, attestant qu'un convoi de 4 voitures chargées de 57 personnes, traîné par 3 chevaux seulement, a parcouru les boulevarts de la capitale ainsi que les rues les plus étroites et les plus ordinairement encombrées; qu'en portant à 15,000 le poids réparti sur les 4 voitures, la charge de chaque cheval se trouve être de 5,000, ce qui est bien supérieur à celle fixée pour les transports ordinaires; qu'elles ont tourné à angle droit pour sortir par le guichet du Louvre et sont rentrées ensuite, tournant ainsi autour du premier pilier, et qu'enfin, après avoir ôté une, deux et trois roues, dont deux d'un côté et une de l'autre (celle du milieu), le wagon sur lequel on exerçait cette épreuve n'en a pas moins continué à fonctionner, sans pencher, *quoique chargé de voyageurs.*

De pareils faits consacrés par des hommes recommandables et investis de la confiance de l'autorité, accomplis devant toute la population parisienne, peuvent se passer de commentaires. Aussi nous bornerons-nous à cette simple analyse, car il suffit d'indiquer pour que tout le monde comprenne ce que l'on peut attendre d'une entreprise qui repose sur une réunion de principes, d'inventions qui se lient, s'entr'aident et se complètent, puisque la puissance de la locomotive, l'articulation des trains et les freins qui leur sont adaptés permettent de monter, de descendre, de décrire une courbe, de tourner même à angle aigu, de revenir sur soi-même, et d'arrêter sur place court au besoin, en même temps que la grande facilité de tirage, qui est le résultat du mécanisme des voitures polycicles, le nouveau mode de répartition du poids sur le convoi et qui présente déjà une si grande supériorité sur les routes pavées ordinaires, en acquérera une nouvelle en fonctionnant sur une surface parfaitement plane et qui n'opposera aucune espèce de résistance ni presque de tirage.

Qu'on ajoute à ces élémens de succès la haute respectabilité des personnes qui acceptent l'administration et la gestion de cette compagnie, la confiance qu'elles doivent inspirer lorsque l'on verra leurs noms figurer en tête de l'acte de société qui va paraître, l'organisation toute morale des statuts, et nous espérons que le public accueillera avec faveur un plan d'opération fondée dans le but de doter la France de ces facilités de communications que réclament et son commerce et son industrie, tout en évitant la ruine certaine de gens éminemment méritans et qui, mus par le même désir de faire quelque chose de grand, d'utile et de patriotique, ont pu prendre dans leur amour pour le bien, des illusions pour des réalités, sans qu'on doive pour cela leur savoir moins bon gré de l'intention qui les dirigeait.

Pour nous, après nous être convaincus qu'il y avait toutes les chances de succès désirables à l'entreprise que nous méditons, forts de la pensée qui nous a dirigés dans la rédaction de nos statuts, celle de ne recueillir le fruit de nos travaux qu'en cas de succès incontesté, nous croirons, avec les personnes qui veulent bien s'adjoindre à nous, avoir fait assez si nous parvenons à rendre les grandes lignes de communication exécutables, à épargner à l'industrie une perte de cinq sixièmes du capital qui serait nécessaire pour tenter un tel projet par le système des chemins de fer, et à concilier l'intérêt général avec l'intérêt privé, les besoins du commerce avec l'économie, la sécurité avec la vitesse.

BARON D'ASDA.

DE L'AUBÉPIN.

CAPITAINE THOMASSIN.

Imprimerie Lange Lévy et Comp., rue du Croissant, 16.

www.ingramcontent.com/pod-product-compliance
Lightning Source LLC
LaVergne TN
LVHW021625170726
843501LV00010B/4158